DEUTSCHE AKADEMIE DER WISSENSCHAFTEN ZU BERLIN

VORTRÄGE UND SCHRIFTEN

HEFT 28

PFLANZENPHYSIOLOGISCHE BODENKUNDE

von

Prof. Dr. Eilh. Alfred Mitscherlich

1948

AKADEMIE-VERLAG BERLIN

Erschienen im Akademie-Verlag GmbH., Berlin NW 7, Schiffbauerdamm 19
Veröffentlicht unter der Lizenznummer 156 der SMA in Deutschland
Gedruckt in der Buchdruckerei Oswald Schmidt GmbH., Leipzig M 118
Bestell- und Verlagsnummer 2003/28
Preis RM 2,—

PFLANZENPHYSIOLOGISCHE BODENKUNDE

Vor fünfzig Jahren wurde die Bodenkunde betrachtet, gelehrt und wissenschaftlich bearbeitet als zugehörig zur Mineralogie und Geologie, und vor ganz kurzer Zeit wurden auch noch die Diplomlandwirte in den mineralogischen und geologischen Grundlagen der Bodenkunde geprüft. Ganz allmählich entwickelte sich aber in diesen fünfzig Jahren die Bodenkunde zu einer eigenen Wissenschaft von weittragendster Bedeutung. Zunächst waren es ja nur wenige Gelehrte, die sich mit diesem Forschungsgebiete eingehender beschäftigten; doch die große Vielseitigkeit dieser neuen Wissenschaft trat immer mehr und mehr in Erscheinung und fand am 19. Mai 1924 in Rom, wo die Bodenkundler aller Länder zu einer gemeinsamen Tagung zusammengekommen waren, in der Gründung der „Internationalen Bodenkundlichen Gesellschaft" ihren beredten Ausdruck. Dieser Gründung folgten dann bald, da ja der Boden regional sehr verschieden ist, die Gründungen der Bodenkundlichen Gesellschaften der einzelnen Länder, die dann somit mehr oder weniger Glieder dieser Internationalen Gesellschaft bildeten.

Wie sehr sich inzwischen das Wissensgebiet der Bodenkunde geweitet hatte, wird nun wohl durch nichts deutlicher gezeigt, als durch die große Anzahl von Unterteilungen oder „Kommissionen", welche inzwischen, ja größtenteils bereits in Rom selbst, ins Leben gerufen wurden. So verfügt die Internationale Bodenkundliche Gesellschaft über eine 1. Kommission, die sich mit den physikalischen Vorgängen im Boden beschäftigt, über eine 2. Kommission, welche die chemischen Erscheinungen im Boden bearbeitet, eine 3. Kommission, welche die biologischen Vorgänge im Boden studiert, eine 4., die sich die Erforschung der Bodenfruchtbarkeit zur Aufgabe gemacht hat; über eine 5., welche die regionale Bodenkunde, die Bodengenetik, die Bodenmorphologie und -kartographie, bearbeitet; dann über eine 6., eine technische für die Bodenmeliorationen und endlich 7. über einen Bodenbenennungs- oder Nomenklaturausschuß. – Daneben bestehen noch eine ganze Reihe von Unterkommissionen, so für die Alkaliböden, für die Waldböden, für die Moorböden u. a. m. –

Da es mir persönlich vergönnt war, wohl zwei Jahrzehnte hindurch als Präsident derjenigen Kommission dieser Internationalen Gesellschaft tätig zu sein, welche sich mit den Fragen der Bodenfruchtbarkeit und somit speziell mit dem Teile der Bodenkunde beschäftigt, welcher für die Höhe der Pflanzenerträge in Betracht kommt, so mag es mir gestattet sein, hier über dieses mein eigenstes Arbeits- und Forschungsgebiet über die „pflanzenphysiologische Bodenkunde“ zu sprechen.

Der Mineraloge und der Geologe betrachten den Boden von ihrer Wissenschaft ausgehend als ein Gemenge von festen Teilchen, das aus bestimmten Mineralien infolge verschiedener geologischer Vorgänge im Verlaufe unendlich langer Zeit entstanden ist. Durch diese Vorgänge hat ein Boden naturgemäß ganz bestimmte physikalische und chemische Eigenschaften erhalten. Unter der Bedingung nun, daß der Boden vollständig auf seinem geologischen Entstehungsorte liegenblieb, bestehen in der Tat gewisse Beziehungen zwischen seinem mineralogisch-geologischen Entstandensein und seinem pflanzenphysiologischen Werte. Wurde ein Boden aber teilweise durch geologische Erscheinungen von seinem Ursprungsorte abgetragen, oder ist er im Verlaufe von vielen Jahrtausenden von anderen Bodenarten durch Erosionserscheinungen überdeckt worden, dann kann uns die geologische Entstehung des Bodens, – wie z. B. in unserer Norddeutschen Tiefebene, – keine pflanzenphysiologischen Anhaltspunkte mehr gewähren. Noch viel weniger vermag sie das in chemischer Hinsicht, wenn ein Boden bereits seit vielen Jahrzehnten in Kultur genommen wurde und dabei mit Stalldünger und den verschiedenen künstlichen Düngemitteln bedacht worden war.

Immerhin, die jetzige *physikalische* Beschaffenheit ist in unserer Lebenszeit etwas Gleichbleibendes. Nur durch große Erdbewegungen könnte man sie lokal verändern; solche sind aber dann derartig kostspielig, daß sie nicht ausgeführt werden können! – Aus diesem Grunde ist es aber auch möglich, die physikalische Beschaffenheit der Böden, ebenso wie geologische Bildungen, kartographisch wiederzugeben.

Nach der ganzen Art seiner Bodenforschung ist nun das Interesse des Mineralogen und Geologen auf die verschiedenen festen Bodenteilchen gerichtet, die im einzelnen physikalisch und chemisch weiter untersucht werden.

Ganz anders betrachtet der Pflanzenphysiologe den Boden. Für ihn besteht der Boden nicht nur aus vielen festen Bodenteilchen der verschiedensten Korngröße, sondern *für ihn ist der Boden ein Gemisch von festen Bodenteilchen, von Wasser und von Luft, ein Gemisch, welches an der Erdoberfläche liegt, also mit dem Klima in engster Berührung steht, und somit als Träger einer Vegetation dienen kann.* Den Pflanzenphysiologen interessieren die festen Bodenteilchen, die das spezielle Interesse des Mineralogen und Geologen beanspruchen, nur indirekt; denn das Leben unserer Pflanzen findet nicht *in ihnen* statt; die Pflanzenwurzeln wachsen ja *zwischen* den festen Bodenteilchen in den Hohlräumen, in denen ihnen Wasser und Luft zur Verfügung stehen. In diesen nehmen sie die aus dem Boden gelösten Nährstoffe auf; hier verankern sie sich, um die oberirdische Pflanze bei ihrem heliotropischen Wuchse aufrechtzuerhalten. Maßgebend ist so für den Pflanzenphysiologen die Erforschung des *Hohlraumvolumens im Boden, die seiner Größe und seiner Gestalt.* Die Größe des Hohlraumvolumens läßt sich leicht ermitteln. Wir entnehmen dazu dem Boden ein ganz bestimmtes Volumen von festen Bodenteilchen, Wasser und Luft und ziehen von diesem das Volumen ab, welches die trockenen, festen

Bodenteilchen in ihm eingenommen hatten. – Nun ist es aber keineswegs gleichgültig, ob dieses Hohlraumvolumen im Boden aus wenigeren weiten Hohlräumen oder aus unzähligen engen Hohlräumen, den sogenannten Kapillarräumen, besteht. Durch erstere fließt z. B. das Wasser sehr schnell ab, ein solcher Boden wird damit schnell trocken; in letzterem wird dagegen das Wasser sehr fest gehalten; hier kann die Reibung des Wassers an den Wänden des Hohlraumvolumens derart groß werden, daß ein Fließen des Wassers überhaupt nicht mehr zu beobachten ist.

Da nun aber z. B. gerade das Wasser im Boden für unsere Pflanzen von allergrößter Bedeutung ist, so war es notwendig, auch für die Gestalt der Hohlräume eine meßbare Größe zu finden. Es war nun zwar nicht möglich, einen mittleren Durchmesser der Hohlräume im Boden festzustellen, der uns als Charakteristikum für die Gestalt sämtlicher Hohlräume in der Volumeneinheit Boden dienen würde; wohl aber eine andere Größe, die hierfür maßgebend und damit charakteristisch für den einzelnen Boden ist: Es war mir vor nunmehr fünfzig Jahren vergönnt, Methoden auszuarbeiten, um die Gesamtoberfläche des Bodens – d. i. die Summe der Oberflächen aller einzelnen festen Bodenteilchen in der Gewichtseinheit des trockenen Bodens – zu bestimmen. Hierzu diente die Bestimmung der Benetzungswärme des Bodens, d. i. die Wärmemenge, die frei wird, wenn die Oberfläche von ganz trockenem Boden mit Wasser benetzt wird, und ferner die Bestimmung der Hygroskopizität, d. i. diejenige Wassermenge, welche gerade zur Benetzung der Bodenoberfläche erforderlich ist. Beide Größen gehen so der Bodenoberfläche proportional.

Bestimmt man nun das Gewicht der festen Bodenteilchen in der Volumeneinheit und andererseits die Oberfläche des Bodens und damit die Oberfläche in unserem Bodenvolumen, so hat man damit gleichzeitig die Oberfläche des Hohlraumvolumens in dieser Volumeneinheit Boden und so einen Einblick in seine Gestalt.

Die Hohlraumvolumenoberfläche ist zunächst charakteristisch

für den einzelnen Boden; denn je feiner die festen Bodenteilchen sind, um so enger werden die kapillaren Hohlräume, um so verzweigter ist das Hohlraumvolumen. Hierin unterscheiden sich insonderheit die leichten Sandböden von den schweren Ton- und Lehmböden. Aber Größe und Gestalt des Hohlraumvolumens ist auch bei den gleichen Böden nie konstant, sondern sie wechseln mit der Aneinanderlagerung der festen Bodenteilchen. Je dichter diese gelagert sind, je mehr z. B. ein Boden durch Regengüsse zusammengeschlämmt wurde, um so enger sind die kapillaren Hohlräume, um so größer ist die Hohlraumvolumenoberfläche, aber um so kleiner ist das Hohlraumvolumen selbst. Ein zu enges Hohlraumvolumen wirkt ungünstig auf den Pflanzenertrag. Die Wurzel findet nur schwer ihren Weg in die Tiefe und muß bei ihrem Dickenwachstum derart Energiemengen aufwenden, um die festen Bodenteilchen beiseite zu drücken und sich den erforderlichen Platz zu schaffen, daß dementsprechend Energiemengen, die zur Arterhaltung und zur Fortpflanzung notwendig wären, verlorengehen müssen! – Hier hat die mechanische Bodenbearbeitung der Pflanze vorzuarbeiten, und, kann sie nicht genügend weite Räume schaffen, so müssen – wie z. B. für die Kartoffeln – Dämme gezogen werden, die beim Dickenwachstum der Knollen auseinanderplatzen.

Die Weite und Enge der Hohlräume bestimmt aber auch, wie wir sahen, das Verhalten des Bodens zum Wasser und so seine größere oder geringere Fähigkeit, Wasser für die Vegetation zurückzuhalten, zu „speichern“. Hier ist es Aufgabe der Bodenbearbeitung, die Aneinanderlagerung der festen Bodenteilchen, die „Krümelbildung“, derart zu gestalten, daß einmal möglichst große Wassermengen für die Pflanzen im Hohlraumvolumen je Volumeneinheit Boden zurückgehalten werden, und weiter derart, daß die unnötige Verdunstung von Bodenwasser in die Atmosphäre nach Möglichkeit vermieden wird. Soweit zunächst ein kurzer Einblick in die pflanzenphysiologisch-physikalische Bodenkunde.

Der Mineraloge untersuchte nun die festen Bodenteilchen auf

ihren Gehalt an chemischen Elementen. Dadurch konnte er feststellen, welche Mineralien den Ursprung eines bestimmten Bodens gebildet hatten. Pflanzenphysiologisch interessieren uns aber zunächst nur diejenigen Elemente im Boden, welche die Pflanze zu ihrem Aufbau unbedingt benötigt, die sogenannten Pflanzennährstoffe. Wir können natürlich die Mengen, welche von diesen Elementen in einem Boden sind, jederzeit durch eine chemische Analyse quantitativ feststellen. Leider können wir nur mit den Ergebnissen solcher Analysen pflanzenphysiologisch gar nichts anfangen, da oft nur ein geringer Teil der gefundenen Mengen von den Pflanzen wirklich ausgenutzt werden kann. Andere Mengen davon sind chemisch derart fest gebunden, daß sie vielleicht im Verlaufe von Jahrzehnten durch eine weitere Verwitterung des Bodens den Pflanzen zugänglich werden, daß sie hingegen für den augenblicklichen Bedarf unserer Pflanzen gar nicht in Betracht kommen können. Wie können wir nun gerade diejenigen Mengen dieser Elemente feststellen, welche die Pflanze in einer Vegetationsperiode aufzunehmen vermag? – Das hängt natürlich von der Art ab, wie diese Nährstoffe im Boden gelöst werden, also: von dem Lösungsmittel, der Lösungstemperatur, der Lösungszeit und der Flüssigkeitsmenge, die man bei der Extraktion des Bodens verwendet. Um hier eine brauchbare chemische oder biologische Methode zu finden, mit der man in kurzer Zeit den Nährstoffgehalt des Bodens und damit sein Düngerbedürfnis festzustellen vermag, taten sich im Jahre 1933 die 2., 3. und 4. Kommission der Internationalen Bodenkundlichen Gesellschaft zu einer gemeinsamen Arbeit zusammen. Es wurden dazu in den verschiedensten Ländern die gleichen, über 120 Bodenarten, die aus den verschiedensten Gegenden der Welt stammten, durch Anwendung von 24 verschiedenen Methoden auf ihren Phosphorsäuregehalt und von 17 verschiedenen Methoden auf ihren Kaligehalt hin untersucht, die Ergebnisse der Untersuchungen verarbeitet und in zwei internationalen Tagungen eingehend besprochen. Man ersah aus diesen umfangreichen Arbeiten, daß es keine Methode gab, die so genaue Ergebnisse zeitigte, daß man die Mengen der einem Boden zu gebenden Düngung exakt festzustellen vermochte, auch gaben vielfach mal der mal jener Boden völlig abweichende Resultate, so daß man bei den sehr qualitativen Ergebnissen, bei der einen Methode wohl mehr als bei der anderen, auch mal mit direkten Fehlschlüssen rechnen mußte. – An und für sich ist das ja nicht sehr verwunderlich, da die einzelnen Bodenarten doch chemisch unter Umständen grundverschieden sind und so auf die verschiedenen Lösungsarten und Lösungsmittel ganz verschieden reagieren müssen. Immerhin mußte ja ein Grund dafür vorliegen, daß diese große internationale Arbeit, die diese zahlreichen Forscher von 1933 bis 1939 intensiv beschäftigt hat, mehr oder weniger negative Ergebnisse zeitigte.

Wir betrachten nunmehr dieses Problem wieder nicht vom physikalisch-chemischen, sondern vom pflanzenphysiologischen Standpunkt aus:

1. Die chemischen Analysen sollten, damit wir ihre Ergebnisse bald für die große landwirtschaftliche Praxis nutzbar machen können, zunächst in sehr kurzer Zeit diese Ergebnisse liefern. Die Pflanze aber benötigt zur Aufnahme der erforderlichen Nährstoffe eine ganze Vegetationszeit von der Saat bis zur Ernte. Die Zeit ist aber maßgebend für die Lösungsgeschwindigkeit der Pflanzennährstoffe!

2. Um für die chemischen Analysen Extrakte aus dem Boden zu erhalten, die man dann chemisch analysieren kann, muß man den Boden mit der fünf- bis zehnfachen Flüssigkeitsmenge extrahieren. In der Natur aber wird der Boden durch den Regen nur mit der ungefähr 0,3fachen Wassermenge extrahiert und das wiederholt bei jedem Regenfall! – Die Menge der zum Auszuge benutzten Flüssigkeit ist aber ein weiterer Lösungsfaktor, den wir so der Natur nicht nachmachen können!

3. Wenn wir den Boden künstlich extrahieren, entziehen wir ihm damit gleichzeitig sämtliche so gelösten Stoffe. In der Natur nimmt aber die Pflanze stets nur die Stoffe aus der Bodenlösung heraus, die sie für ihren Aufbau gerade benötigt, die

eigentlichen „Pflanzennährstoffe". Da nun aber die darüber hinaus gelösten Stoffe, wenn sie in der Lösung verbleiben, ihrerseits die weitere Löslichkeit der Pflanzennährstoffe beeinflussen, so können wir selbst durch wiederholtes Extrahieren die natürlichen Lösungsbedingungen nicht nachmachen!

4. Auch die Temperatur hat einen Einfluß auf die Lösungsgeschwindigkeit der Pflanzennährstoffe, und, wenn wir diese auch in ganz bestimmter Weise normieren, und so unsere Versuche vielleicht stets bei + 30° C durchführen, so können wir damit keineswegs die natürlichen Verhältnisse mit dem ständigen Temperaturwechsel irgendwie nachahmen.

Aus allen diesen Gründen sind wir auch dann, wenn wir das gleiche Lösungsmittel verwenden, das die Pflanzen besitzen, die Kohlensäure – die ja beim Atmungsprozeß der Wurzeln stets in ausreichender Menge vorhanden sein dürfte –, nicht zu dem gewünschten Ziele gelangt!

Wir sind so auch hier, gerade wie bei den physikalischen Bodenuntersuchungen, direkt auf den pflanzlichen Versuch angewiesen, und es kam nunmehr darauf an, diesen ebenso wie ein physikalisches Experiment oder wie eine chemische Analyse quantitativ auszugestalten!

Die pflanzenphysiologische Bodenkunde verlangt also das quantitative Experimentieren mit den Pflanzen. Das Ergebnis dieses Experimentes ist dann der Pflanzenertrag, der gewichtsmäßig festgestellt wird. Damit erkennen wir nun mit einem Male die große praktische Bedeutung dieses neuen Wissensgebietes; denn die Höhe des Pflanzenertrages ist ja das Ergebnis aller Arbeit, welche der Landwirt, der Forstwirt und der Gärtner auf seinem Boden leistet, und somit weisen uns diese wissenschaftlichen Forschungsergebnisse das, was wir in der Praxis im Einzelfalle zu tun haben, um möglichst hohe Ernten, möglichst hohe Pflanzenerträge, zu erzielen! Damit bildet auch die pflanzenphysiologische Bodenkunde mit die Grundlage für die ganze menschliche und tierische Ernährung.

Wohlgemerkt: sie bildet mit die Grundlage, aber sie ist nicht allein die Grundlage; denn die Höhe des Pflanzenertrages wird gleichzeitig bedingt durch die jeweilige Konstellation sämtlicher Wachstumsfaktoren im Verlaufe der ganzen Vegetationszeit, und von diesen sämtlichen Wachstumsfaktoren stellen die, welche den Pflanzen im Boden dargeboten werden, nur einen gewissen, wenn auch vielleicht mit den hauptsächlichsten Teil dar; sie sind aber deshalb für uns von ganz besonderer Bedeutung, weil der Mensch es in der Hand hat, gerade sie für die Ertragsbildung günstiger zu gestalten!

Die Höhe des Pflanzenertrages hängt zunächst auch ab von der angebauten Pflanze selbst, von ihrer Gattung, ihrer Art, ihrer Züchtung... kurz von den, wie wir sagen, „inneren Wachstumsfaktoren der Pflanze".

Auch diese kann der Mensch noch günstig beeinflussen und damit die Erträge heben, und zwar auf dem Wege der Pflanzenzüchtung. – Die Höhe des Pflanzenertrages hängt aber ferner noch ab von allen den Wachstumsfaktoren, welche der oberirdischen Pflanzenmasse durch das Klima zur Verfügung gestellt werden, so von der Wärme, dem Licht und von dem Wasser, welches als Niederschläge positiv, als Verdunstung negativ auf die Höhe der Erträge einwirkt; dann von den chemischen Bestandteilen der Luft, vom Sauerstoff, der Kohlensäure, ja teilweise auch dem Stickstoff. Und endlich wird der Pflanzenertrag in seiner Höhe bedingt durch die bodenkundlichen Wachstumsfaktoren, das sind die, welche unter der Erdoberfläche an die Wurzeln der Pflanze herantreten; wozu wir vornehmlich die verschiedenen Pflanzennährstoffe, wie besonders Phosphorsäure, Kali und Stickstoff zu rechnen haben und dann vor allem aber auch das Bodenwasser, den Standraum, das zur Verfügung stehende Hohlraumvolumen u. a. m.

Ein jeder dieser vielen Wachtumsfaktoren muß, wenn wir möglichst hohe Erträge erzielen wollen, in dazu ausreichender Menge während der ganzen Vegetationszeit vorhanden sein. Wie das nun im einzelnen bei den bodenkundlichen Wachstumsfaktoren, die wir ja besser zu gestalten vermögen, durchführbar ist, muß uns das Experiment mit der Pflanze lehren:

Dieses Experiment ist darum so schwierig exakt auszuführen, weil ja der Pflanzenertrag eine Größe ist, die gleichzeitig von einer großen Reihe von Wachstumsfaktoren bedingt wird. Man vermag darum die Einwirkung eines einzelnen dieser Faktoren auf die Höhe des Ertrages nur dann festzustellen, wenn während der ganzen langen Vegetationszeit alle anderen Wachstumsfaktoren gleichbleiben, konstant sind! – Um dieses Experiment nun zu ermöglichen, um zu untersuchen, wie mit der Steigerung eines bestimmten Wachstumsfaktors der Pflanzenertrag zunimmt, mußten darum zunächst die seit Jahrzehnten gebräuchlichen Methoden der Ertragsermittelung, der Gefäß- und der Feldversuch, wesentlich verfeinert und verbessert werden. Nachdem uns das aber gelungen war, konnten wir auch das mathematisch formulierte Gesetz finden, dem die ganze Ertragsbildung unterliegt. Es ist das „Wirkungsgesetz der Wachstumsfaktoren". Danach steigt der Pflanzenertrag mit steigenden Mengen eines beliebigen Wachstumsfaktors proportional dem an einem Höchstertrage fehlenden Ertrage. Um dieses Gesetz allgemeinverständlich zu machen, wähle ich den einen Fall der Proportionalität, der am übersichtlichsten ist, den der Gleichheit, als Beispiel:

Da ein Ertrag zunächst nicht zustande kommen kann, wenn der Wachstumsfaktor fehlt, so geht unsere Ertragssteigerung von Null an, und sie endet bei einem endlichen Höchstertrage, der dadurch bedingt ist, wie bei diesem Versuche sämtliche anderen Wachstumsfaktoren gestaltet waren. Die Ertragssteigerung geht also mit steigendem Wachstumsfaktor von Null bis zu diesem Höchstertrage in folgender Weise vor sich: Erhält man mit einer ganz bestimmten Menge eines Wachstumsfaktors die Hälfte des Höchstertrages, so daß dann noch die andere Hälfte an dem Höchstertrage fehlt, so muß der Pflanzenertrag, wenn man nun eine zweite, gleichhohe Gabe des Wachstumsfaktors verabfolgt, von einhalb um ein weiteres Viertel des Höchstertrages ansteigen, während das zweite Viertel noch am

Höchstertrage fehlen bleibt. Gibt man dann nochmals eine weitere gleichhohe Gabe des Wachstumsfaktors hinzu, so muß nun der Ertrag um ein weiteres Achtel des Höchstertrages steigen, während wiederum $^1/_8$ an dem Höchstertrage fehlt, usw.– Die Ertragssteigerung wird also gesetzmäßig immer geringer, je größere Mengen des betreffenden Wachstumsfaktors bereits

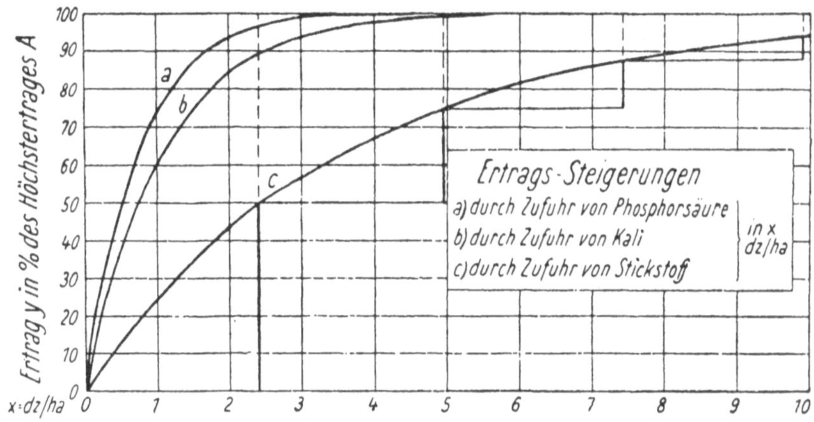

Abb. 1

im Boden sind. Wollen wir also z. B. wissen, welche Ertragssteigerung wir in einem Boden durch eine bestimmte Düngung erhalten müssen, so müssen wir zuvor genau wissen, welche Nährstoffmengen, die das zugeführte Düngemittel enthält, bereits in dem betreffenden Boden enthalten sind! – Andererseits läßt sich aber auch aus der Höhe der Ertragssteigerung, die man mit der Zufuhr einer bestimmten Nährstoffmenge erhält, genau feststellen, welche Nährstoffmengen bereits in dem betreffenden Boden enthalten waren. Also, um bei unserem Beispiele zu bleiben: Steigt der Ertrag durch Zuführung einer Nährstoffmenge um 50%, also von ½ auf ¾ des Höchstertrages, dann muß die gleiche Nährstoffmenge, die ich zuführte, bereits zuvor in dem betreffenden Boden gewesen sein. Wir haben also nunmehr mit einem Male durch den Pflanzenversuch das erreicht, was mit der chemischen Bodenanalyse nicht festzustellen war; wir können jetzt den Nährstoffgehalt des Bodens mit Hilfe der Pflanzenerträge genau bestimmen. – Die Mengen des einzelnen Wachstumsfaktors, mit denen man nun gerade die Hälfte des betreffenden Höchstertrages erreicht, sind naturgemäß bei jedem Wachstumsfaktor verschieden groß; wie das u. a. durch über 40000 Düngungsversuche festgestellt wurde, gehören dazu z. B. (siehe Abbildung 1) 0,5 dz/ha Phosphorsäure, ferner 0,75 dz/ha Kali, aber 2,47 dz/ha an Stickstoff!

Kennen wir nun auf diese Weise den Gehalt des Bodens an den einzelnen Nährstoffen, dann können wir mit Sicherheit sagen, um wie viele Prozente ein Ertrag durch ganz beliebig große Mengen des betreffenden Wachstumsfaktors, den wir als „Düngung" zuführen, gesteigert werden muß. – Wir können aber damit noch keineswegs angeben, um wie viele dz/ha unser Ertrag durch eine bestimmte Düngung steigen muß! Denn der Pflanzenertrag wird ja in seiner Höhe nicht nur durch den einen Wachstumsfaktor bedingt, den wir steigerten, sondern durch sämtliche Wachstumsfaktoren gleichzeitig! Wir beachteten bei der Ertragssteigerung zunächst nur den Einfluß des einen Faktors und drückten die Ertragssteigerung in Prozenten des Höchstertrages aus, der nun seinerseits durch alle anderen Wachstumsfaktoren mit bedingt wird. Sind diese günstig, so ist der Höchstertrag hoch und damit auch alle Erträge, die man bei der Steigerung des einen Wachstumsfaktors erzielt und die wir ja in Prozenten dieses Höchstertrages oder auch in Prozenten des Ertrages des ungedüngten Versuches ausdrückten; sind die anderen Wachstumsfaktoren dagegen ungünstig, ist die Jahreswitterung z. B. schlecht, so muß die absolute Ertragssteigerung in dz/ha darum niedriger ausfallen! – Können wir nun aber von uns aus irgendeinen der anderen Wachstumsfaktoren, z. B. einen anderen bodenkundlichen Wachstumsfaktor, günstiger gestalten, so steigt mit diesem der bisherige Höchstertrag wiederum genau nach dem gleichen Gesetze, so daß wir um so höhere absolute

Erträge in dz/ha erhalten müssen, je günstiger wir diesen zweiten, ja je günstiger wir dann auch sämtliche Wachstumsfaktoren gestalten werden, je besser wir unseren Boden bearbeiten, je besser wir ihn mit allen Nährstoffen versehen, sofern nicht bereits genügende Mengen zur Erreichung von Höchsternten in ihm sind, je besser wir unsere Saat einbringen und je mehr wir die Wasserverdunstung aus dem Boden verhindern, je lockerer wir den Boden halten, je mehr wir jedweden Unkrautwuchs unterdrücken und den Kulturpflanzen selbst bei ihrem Wachstum durch künstlichen Regen u. a. m. nachhelfen können. Mit jedem Wachstumsfaktor, den wir irgendwie verbessern können, steigern wir so unseren Pflanzenertrag.

Da nun, wie wir durch das pflanzenphysiologische Experiment feststellen konnten, alle Pflanzen auf den einzelnen Wachstumsfaktor ganz in gleichstarker Weise reagieren, so war es auch möglich, festzustellen, wie große Mengen des einzelnen Wachstumsfaktors zur Erzielung von Höchsterträgen vorhanden sein müssen.

Man erntet so z. B. 99% des betreffenden Höchstertrages, wenn 3,3 dz/ha Phosphorsäure im Boden sind, und wenn der Boden 5 dz/ha Kali enthält. Haben wir dann durch Ertragsversuche festgestellt, wie große Mengen von diesen Nährstoffen ein Boden enthält, und das geschah vor dem Kriege z. B. in Ostpreußen in 23000 Kulturgefäßen, so kann man dem praktischen Landwirte genau sagen, wie viele dz/ha er nun zu düngen hat, um diese 99% des betreffenden Höchstertrages zu ernten. Es dürfte nun von Interesse sein, zu erfahren, wie große Mengen an diesen beiden Nährstoffen wohl im Mittel einer großen Anzahl von Bodenarten vorhanden sind. Dazu dienen uns 27000 Felddüngungsversuche, welche wir den Außenstationen unserer früheren großen Düngermittelindustrien vor dem Kriege verdankten. Danach enthielten die untersuchten Böden von den 3,3 dz/ha Phosphorsäure nur 1–1,5 dz, so daß man ihre Erträge noch um 35% bis 15% durch Phosphorsäuredüngung zu steigern vermag. Die auf Kali untersuchten

Böden enthielten davon 1,5–2,3 dz/ha, so daß hier noch eine Steigerung um weitere 30% bis 15% möglich wäre, wenn wir den Gehalt dieser Böden auf 5 dz/ha Kali durch Düngung bringen würden. Solche Zahlen geben natürlich nur eine Gesamtübersicht, besagen aber für den einzelnen Boden und seine Düngung gar nichts. Dieser muß für sich auf sein Nährstoffbedürfnis pflanzenphysiologisch untersucht werden, wozu jeder Landmann auf seinem Kartoffelfelde einen einfachen Düngungsversuch durchführen sollte!

Der pflanzenphysiologische Versuch lehrte uns nun ferner, daß an Stickstoff 16,4 dz/ha in einem Boden vorhanden sein müssen, um auch mit diesem Nährstoffe 99% des damit erreichbaren Höchstertrages zu ernten, und die über 10000 Düngungsversuche, welche mit diesem Nährstoffe angestellt wurden, besagen uns, daß meist erst 0,8–2,4 dz/ha davon im Boden vorhanden sind, so daß man mit diesem Nährstoffe den Ertrag weiterhin um 400% bis 108% steigern könnte! – Das klingt unwahrscheinlich und ist zunächst auch heute noch fast unmöglich; denn unsere stickstoffhaltigen Düngemittel sind derart leicht wasserlöslich, daß sie bei höheren Gaben bei den Pflanzen plasmolytische Erscheinungen und dadurch Ertragsdepressionen hervorrufen. So kann man kaum mehr als 0,6 dz/ha Stickstoff zu Getreide und kaum mehr als 1,2 dz/ha zu einer anderen Feldfrucht, die nicht, wie das Getreide, in Lager geht, verabfolgen! Dennoch reagiert zunächst infolge des so hohen Stickstoffmangels jeder Boden auf eine Stickstoffdüngung, und wir werden hier die Ertragssteigerungen um so höher treiben können, je mehr wir diesen Nährstoff in einer Form in dem Boden haben, die erst langsam, während der ganzen langen Vegetationszeit, diesen Nährstoff für die Pflanzen freigibt. Derartige Düngemittel gibt es schon, und es ist nur die Frage, wie wir sie am besten gewinnen und möglichst stickstoffreich gestalten. Ein derartiges Düngemittel ist z. B. die Gründüngung von Leguminosen, ja bereits der Anbau von Leguminosen, die den Stickstoff der Luft durch Symbiose mit Bakterien in sich anreichern und dann bei der

Verwesung ihrer Stoppeln oder ihrer Gründüngungsmassen nach und nach den nachfolgenden Kulturpflanzen zugute kommen lassen. Derartige Düngemittel finden wir aber auch in dem Stalldünger, wobei nach unseren Vorversuchen speziell der Schafdünger während der Vegetation ständig salpetersaure Salze abspaltet. Durch ihn allein konnten wir bereits die Erträge von Kartoffeln und Mais um über 100% steigern! Diese organischen stickstoffhaltigen Düngemittel bilden so aber erst die Stickstoff-Grunddüngung von jedem Felde, zu der die Kunstdüngung in den angegebenen Gaben noch hinzukommen sollte! Zunächst ist aber pflanzenphysiologisch-bodenkundlich zu untersuchen, wie wir durch die Behandlung der Gründüngung und die Behandlung der Stalldüngung überhaupt unseren Boden möglichst mit Stickstoff anreichern können; denn hierin liegt eins der hauptsächlichen Probleme unserer landwirtschaftlichen Zukunft!

Andererseits können aber ebenso auch durch die Verbesserung der physikalisch-bodenkundlichen Wachstumsfaktoren die Pflanzenerträge wesentlich gehoben werden. So steigt z. B. der Ertrag der Einzelpflanze nach dem gleichen Wirkungsgesetze mit der Größe des Standraumes, welcher der Pflanze zur Verfügung gestellt wird, und er steigt ebenso mit der Tiefe der Ackerkrume und mit der Tiefe der Bodenbearbeitung, also mit der Größe des Hohlraumvolumens, welches der einzelnen Pflanze zur Verfügung steht. Ebenso, wie nun der Ertrag der einzelnen Pflanze mit dem Standraume, der ihr geboten wird, nach dem Wirkungsgesetze steigt, ebenso steigt aber auch nach dem gleichen Gesetze der Ertrag der Fläche mit der Anzahl der Pflanzen, welche auf dieser wachsen. Natürlich werden sich dann die Einzelpflanzen, je mehr Pflanzen auf einem Quadratmeter stehen, um so schlechter ausbilden, da ja ihr Standraum entsprechend kleiner wird!

Hier muß nun der Landwirt in der Aussaatmenge die richtige Grenze finden: z. B. wollen die Getreidezüchter, denen es besonders darauf ankommt, ein großes, volles Korn als Saatgut zu liefern, eine Menge von höchstens 1,2 dz/ha ausgesät haben, während wir für Brotgetreide, wo das einzelne Korn nicht so groß zu sein braucht, wo wir aber auf der Flächeneinheit möglichst hohe Erträge ernten wollen, meist 1,6 dz/ha Getreide auszusäen pflegen. – Andererseits nehmen wir bekanntlich zur Aussaat stets kleinere Kartoffeln, um an Saat zu sparen. Je dichter wir dann auf dem Kartoffelschlage unsere Kartoffeln aussetzen, je mehr werden wir auch hier nach dem gleichen Gesetze ernten, je kleiner werden aber die geernteten Kartoffeln werden, da sich ja die einzelnen Pflanzen nicht mehr so gut entwickeln können, weil ihnen dazu der erforderliche Standraum fehlt. Saatkartoffeln erntet man so mehr, wenn wir unsere Stauden bei gleicher Reihenentfernung von je 60 cm – die in jedem Falle eingehalten werden muß, um die Felder während der Vegetation gleichmäßig gut bearbeiten zu können – in der Reihe nur je 20 cm voneinander auslegen; Eßkartoffeln dagegen, die ja größer werden sollen, sich also besser entwickeln müssen und dazu einen weiteren Standraum benötigen, setzt man doppelt soweit, auf je 40 cm Abstand aus. Das muß man schon tun, obwohl dadurch die Flächenerträge naturgemäß nach dem Gesetze geringere werden müssen.

So wie nun der Ertrag der einzelnen Pflanze steigen muß, mit der Standraumfläche, die ihr zur Verfügung steht, und ebenso mit der Tiefe der Ackerkrume bzw. der Bodenbearbeitung, also mit dem Hohlraumvolumen im Boden, ebenso steigt der Pflanzenertrag auch mit dem Wasser- und dem Wärmegehalt des Bodens nach dem gleichen Gesetze. Der Boden bildet hier ein Speicherorgan für diejenigen Wärme- und Wassermengen, welche uns vom Klima zur Verfügung gestellt werden. Die Aufgabe des Landmannes ist es dabei, dieses Speicherorgan durch die Bodenbearbeitung entsprechend auszubilden. Je mehr Wasser ein Boden zurückzuhalten vermag und der Pflanze während der ganzen Vegetationszeit zur Verfügung stellt, um so höher sind gemäß dem Wirkungsgesetze die Erträge; jedoch darf das Wasser nie sauer sein; es muß gesund sein und bleiben. Saures Wasser, stagnierende Nässe, muß zuallererst beseitigt werden, da sie vergiftend auf die Pflanzenwurzeln einwirkt; von frischem, gesundem

Wasser kann aber ein Boden nie genug enthalten! Ein Boden wird um so mehr Wasser fassen können, je lockerer er gelagert ist. Die geeignete Lockerung hierzu erzielt der Landmann durch beste Ausnutzung von Frost und Gare, die den Boden in einen feinen Krümelzustand überführen. Danach richtet sich darum einmal die Bodenbearbeitung. Hat der Landmann dann aber auf diese Weise mit Hilfe der Niederschläge seinen Boden mit Wasser angereichert, dann besteht weiterhin seine Aufgabe darin, dem Boden auch dieses Wasser zu erhalten und ihn wiederum durch Bearbeitung der allerobersten Erdschicht vor unnötiger Wasserabgabe durch Verdunstung zu schützen! – Wird hier planmäßig darauf hingearbeitet, so kann man viel zur Steigerung der Erträge beitragen. Andererseits muß man hierzu auch von langer Hand die erforderlichen Vorbereitungen treffen. Um eine gute Gare zu erzielen, muß Humus in den Boden, Stalldünger und Gründünger oder auch Kompost; denn den verlangen unsere Gareorganismen zu ihrem Leben, und darum ist auch die richtige Humuswirtschaft ein besonders wichtiges Kapitel. Wie soll der Stalldünger dazu am besten hergerichtet werden?

Wenn nun die Pflanzen um so höhere Erträge geben, je mehr Wasser ein Boden enthält, so sind andererseits gerade die nassen Böden die kältesten! Denn Wasser hat eine hohe spezifische Wärme und eine große Wärmeleitfähigkeit; Luft dagegen kaum Spuren von beiden! Da die Pflanze auch um so höhere Erträge zeitigt, je wärmer der Boden ist, so kommt es nun darauf an, im Boden beiden Wachstumsfaktoren möglichst gerecht zu werden. Das kann man, wenn man berücksichtigt, daß unsere Pflanzen in der Jugend wenig Wasser, dagegen viel Wärme benötigen; denn je eher sich ein Boden erwärmt, desto eher erwacht auch die Vegetation. Der Wasserbedarf der Pflanze und die Wassermengen, welche diese aus dem Boden aufnehmen kann, richten sich nun nach einem zweiten mathematisch formulierten Gesetze, welches aus dem Wirkungsgesetze abzuleiten ist, nach dem „Pflanzenwachstumsgesetze". Es ist auch das wieder ein Gesetz, welches ebenso wie das Wirkungsgesetz für alle Lebewesen grundlegend ist. Es besagt uns, daß der Pflanzenertrag als Funktion der Lebenszeit, anfangs langsam zunimmt, dann plötzlich beim Beginn der Knospenbildung, zur Zeit des Schossens, sehr

Wasserverbrauch

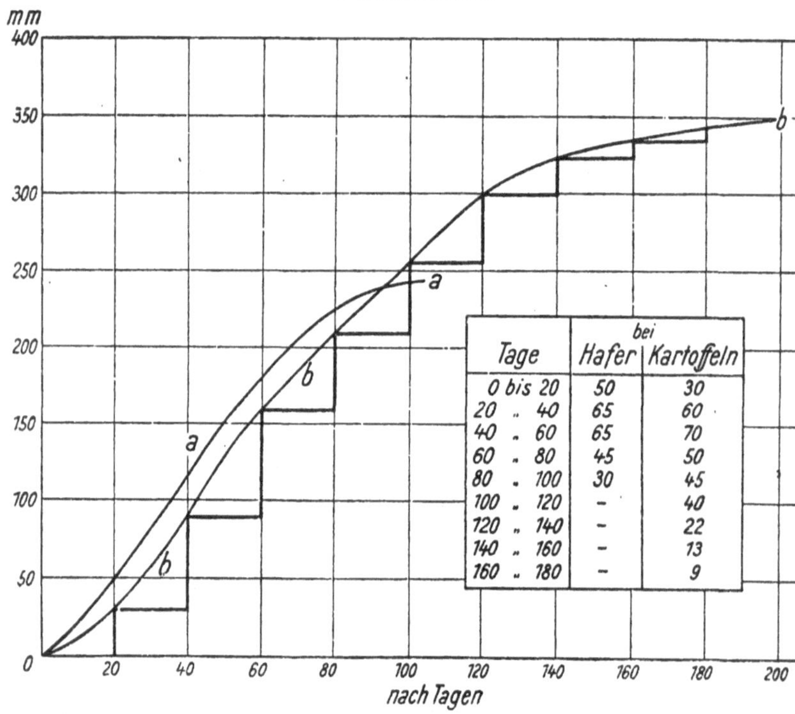

Abb. 2

schnell zuwächst, um sich zur Reifezeit wieder ganz allmählich einem Höchstwerte zu nähern. Ebenso wie der Pflanzenertrag nun zunimmt, ebenso folgt nun auch nach dem gleichen Gesetze der Wasserbedarf unserer Pflanzen. Danach können wir uns bei der Bereitstellung des Bodenwassers richten, und so erst dann Wasser zuführen und unseren Wasserspeicher Boden allmählich wieder auffüllen, wenn die Schossenszeit beginnt. Der Zeitpunkt und die Mengen an Wasser, welche dem Boden in Gestalt von

Kunstregen zuzuführen sind, richten sich also während der Vegetationszeit einmal nach dem Entwickelungsstadium der Pflanze, dann aber auch nach der klimatischen Wasserverdunstung. Wir sind jetzt in unserem kulturtechnischen Institut dabei, die dadurch bedingten Erfordernisse für Böden und Pflanze zu klären, damit man alsdann nicht mehr nach Willkür, sondern die quantitativ berechneten, erforderlichen Wassermengen zuführen kann; denn da der Boden nach dem Wirkungsgesetze um so höhere Erträge ergibt, je besser er das erforderliche Wasser zu jeder Zeit den Pflanzen zur Verfügung stellt, so kann man gerade durch diese künstliche Beregnung in Sonderheit in trockenen Zeiten die Erträge ganz außerordentlich steigern. – Hält man den Boden dann ständig nach diesen Berechnungen wasserreich, dann kann man auch wiederum höhere Gaben an unseren leicht wasserlöslichen stickstoffhaltigen Düngemitteln geben, ohne durch plasmolytische Erscheinungen Ertragsdepressionen zu erleiden, und auch dadurch noch weiterhin die Pflanzenerträge steigern; so erzielten wir dabei auf kleinen Versuchsparzellen in diesem Jahre bereits 800 dz/ha an Kartoffeln: das ist eine ungefähr 400%ige Ertragssteigerung! – So greift hier ein Wachstumsfaktor in den anderen. Jedenfalls werden wir aber im Frühjahr, damit hier der Wachstumsfaktor Wärme mehr zur Geltung kommt, dafür sorgen müssen, daß die oberste Erdschicht abtrocknet, und wir werden erst dann Kunstregen geben, wenn die Pflanzen zum Schossen kommen und den Erdboden abdecken.

So wie wir nun hier durch Kunstregen den Wachstumsfaktor Wasser günstiger gestalten können, wenn uns das Klima mit der Wasserlieferung im Stich läßt, so kann der Gärtner auch im geschlossenen Raume mittelst des Bodens die klimatischen Wachstumsfaktoren noch wesentlich verbessern. Er tut das in ausgiebigster Weise bei seinen Frühbeetkulturen, wo es den Pflanzen noch an Wärme und an Licht fehlt. Denn das Unterlegen von Pferdedung, der sich zersetzt, erzeugt dabei nicht nur die für die Pflanzen erforderliche Bodenwärme, sondern es gestaltet auch die über dem Boden stehende Luft kohlensäurereicher, da die bei der Zersetzung des Düngers entstehende

Kohlensäure aus dem Boden in die Luft aufsteigt. Pflanzenphysiologische Versuche haben uns nun gezeigt, daß die Wirkung des Wachstumsfaktors Licht eine wesentlich höhere wird, wenn die Luft mit Kohlensäure angereichert ist, und daß darum die Pflanzen mit den so geringen Lichtmengen, die ihr im Frühjahre vom Klima aus in den Frühbeeten zur Verfügung stehen, auskommen können. Man beachte das aber beim Lüften der Fenster und lüfte darum nur bei windstillem, sonnigem Wetter und beachte auch beim Gießen, daß man dazu möglichst Wasser von der betreffenden Bodentemperatur verwendet, um gleichzeitig auch dem Wachstumsfaktor Wärme gerecht zu werden!

Auch die Pflanze selbst übt einen großen Einfluß auf den Boden aus, der in Sonderheit die klimatischen Einflüsse auf den Boden einzuschränken oder gar aufzuheben vermag. So bildet die Pflanzendecke eine Isolationsschicht für Wärme und Luftfeuchtigkeit zwischen der Atmosphäre und dem Boden; sie hindert die Wärmeein- und -ausstrahlung, sie verhindert die Wasserverdunstung aus dem Boden. Durch diese Erscheinungen bildet sich unter der Pflanzendecke eine besondere Atmosphäre aus, die man als „Kleinklima“ bezeichnet und studiert hat. Im Walde werden wir so auch mehrere derartige Isolationsschichten übereinander finden und, da die Wasserverdunstung hier durch das Kronendach statthat, die Wurzeln der Bäume das Wasser aber dazu noch aus größeren Tiefen herausholen können, so kann dadurch die oberste Erdschicht verhältnismäßig feucht bleiben. Das hört dann bald auf, wenn wir einen Wald schlagen und womöglich diesen feuchten Boden als Acker nutzen wollen; zumal nach Entfernung eines Waldes durch die dadurch bedingte geringere Wasserverdunstung auch lokale Gewitter seltener werden müssen und der austrocknende Wind zum Boden und den daraufstehenden Pflanzen freien Zutritt hat. Nicht nur ein Austrocknen des entwaldeten Bodens ist dann zu befürchten, sondern auch ein Überwehen dieses Bodens auf andere daneben liegende Flächen, ein Eindecken der dort wachsenden Kulturen mit Sand, die Bildung einer Steppe, einer Wüste! – Ein solcher Boden verliert pflanzenphysiologisch jeden Wert, während er als Forstboden noch sehr fruchtbar gewesen sein kann! – Man hüte sich darum vor derartigen Verwüstungen und denke rechtzeitig an das Wiederanschonen der abgeholzten Flächen, damit es uns in Deutschland nicht ebenso ergeht wie den Bewohnern des Balkans, des Apennin, der Pyrenäen und auch der Vereinigten Staaten in den abgeholzten Distrikten! Muß man sich aber aus irgendwelchen Gründen dazu entschließen, Wald sozusagen „urbar zu machen", so pflanze man alsbald doch da, wo der Wald einst stand, streifenweise Windschutzgehölze an, welche den Wind abhalten und damit das Übersanden und die Wasserverdunstung des Bodens hemmen. Unsere Ackerkulturen, Wiesen und Weiden werden dankbar dafür sein!

Mir lag daran, Sie, verehrte Hörer, mit einem neuen Wissensgebiete, der pflanzenphysiologischen Bodenkunde[1]), vertraut zu machen und Ihnen zu zeigen, wie man m. E. die Wissenschaft der Bodenkunde für den Landwirt, den Forstwirt und den Gärtner lehren und studieren sollte. – Ich selbst habe diesem neuen Wissenszweige unserer Bodenkunde jetzt gerade fünfzig arbeitsreiche Jahre widmen können; doch noch ist hier erst eine schwache Grundlage für alles das geschaffen worden, was später hierauf aufgebaut werden wird. – Neu ist jetzt vielleicht noch, daß das, was unsere Pflanzen im Boden physikalisch und chemisch vorfinden müssen, quantitativ an der Hand der Pflanzenerträge selbst festzustellen ist und festgestellt werden muß und daß dadurch der Weg geöffnet wurde, der uns schon heute zeigt, daß wir die Erträge der Flächeneinheit noch gewaltig, wohl wenigstens um 50 % bis 100 % der vor dem Kriege erreichten Höhen zu steigern vermögen! – Natürlich müssen dazu aber zunächst unsere landwirtschaftlichen Betriebe wieder in Ordnung gebracht werden und die erforderlichen Mittel zur Verfügung stehen!

---

[1]) Es erscheinen demnächst im Verlage Max Niemeyer, Halle/Saale: Eilh. Alfred Mitscherlich: „Pflanzenphysiologische Bodenkunde", und Eilh. Alfred Mitscherlich: „Die Düngerberatung".

Die letztere Schrift dürfte schon bald für die Steigerung unserer Erträge grundlegend werden.

DIE „VORTRÄGE UND SCHRIFTEN" WENDEN SICH AN DIE WEITEN KREISE DERER, DIE AN WISSENSCHAFTLICHER FORSCHUNGSARBEIT ANTEIL NEHMEN

Bereits erschienen sind:

Die Maßstäbe des Kosmos

Rede bei der Eröffnung der Deutschen Akademie der Wissenschaften zu Berlin am 1. August 1946, gehalten von Prof. Dr. H. Kienle

24 Seiten. Preis: RM 1.50

Genuß und Betäubung durch chemische Mittel

Öffentlicher Vortrag, gehalten am 12. Juni 1947 an der Deutschen Akademie der Wissenschaften zu Berlin von Prof. Dr. Wolfgang Heubner

38 Seiten. Preis: RM 2.–

Über das Naturrecht

Öffentlicher Vortrag, gehalten am 10. Juli 1947 an der Deutschen Akademie der Wissenschaften zu Berlin von Prof. Dr. H. Mitteis

48 Seiten. Preis: RM 2.75

Ranke und Burckhardt

Öffentlicher Vortrag, gehalten am 22. Mai 1947 an der Deutschen Akademie der Wissenschaften zu Berlin von Prof. Dr. Friedrich Meinecke

36 Seiten. Preis: RM 2.50

Über physikalisch-chemische Modelle von Lebensvorgängen

Öffentlicher Vortrag, gehalten am 11. Dezember 1947 an der Deutschen Akademie der Wissenschaften zu Berlin von Prof. Dr. K. F. Bonhoeffer

20 Seiten. Preis: RM 2.–

In Vorbereitung sind weiter folgende Hefte:

Leitmotiv der Erdentwicklung

Öffentlicher Vortrag, gehalten am 13. Februar 1947 an der Deutschen Akademie der Wissenschaften zu Berlin von Prof. Dr. H. Stille

Die europäische Bedeutung der Revolution von 1848

Öffentlicher Vortrag, gehalten am 12. Februar 1948 an der Deutschen Akademie der Wissenschaften zu Berlin von Prof. Dr. Fritz Hartung

DIE HEFTE ERSCHEINEN IN ZWANGLOSER FOLGE

FSC
www.fsc.org
MIX
Papier | Fördert gute Waldnutzung
FSC® C083411

Zeitfracht Medien GmbH
Ferdinand-Jühlke-Straße 7
99095 Erfurt, Deutschland
produktsicherheit@kolibri360.de